LETTRES

A MON FILS

SUR

LA PHYSIOLOGIE HYGIDE,

ET SUR

LA PHYSIOLOGIE MORBIDE ;

PAR

E. VERDIER,

de Cauvalat (GARD);

Docteur Médecin de Montpellier, ex-Chirurgien des mines de houille de Cavaillac, ex-Médecin des épidémies, Membre correspondant de la Société nationale de médecine de Marseille, Membre correspondant de la Société académique de médecine de la même ville, Fondateur Inspecteur de l'établissement d'eaux minérales hydro-sulfureuses de Cauvalat.

Étudie la matière organique autant que te le permettra le microscope. Admirateur de l'ouvrage, tu adoreras l'ouvrier.

MATIÈRE ORGANIQUE, FACULTÉS VITALES, PRINCIPE VITAL.

MONTPELLIER,

IMPRIMERIE DE RICARD FRÈRES, PLAN D'ENCIVADE, 3.

1851.

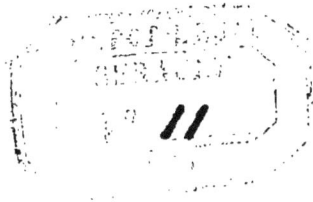

LETTRES

A MON FILS

SUR

LA PHYSIOLOGIE HYGIDE,

ET SUR

LA PHYSIOLOGIE MORBIDE ;

PAR

E. VERDIER,

de Cauvalat (GARD);

Docteur Médecin de Montpellier, ex-Chirurgien des mines de houille de Cavaillac, ex-Médecin des épidémies, Membre correspondant de la Société nationale de médecine de Marseille, Membre correspondant de la Société académique de médecine de la même ville, Fondateur Inspecteur de l'établissement d'eaux minérales hydrosulfureuses de Cauvalat.

> Étudie la matière organique autant que te le permettra le microscope. Admirateur de l'ouvrage, tu adoreras l'ouvrier.

MONTPELLIER,

IMPRIMERIE DE RICARD FRÈRES, PLAN D'ENCIVADE, 3.

1851.

A MON FILS ,

BENJAMIN VERDIER ,

ÉLÈVE EN MÉDECINE.

Je ne veux pas te dire qu'avec du travail l'on vient à bout de tout, mais te faire comprendre qu'avec la persévérance, on peut porter sa pierre à l'édifice.

En 1815 , à 12 ans , seulement en 4ᵉ , je quittai le collége ; de là jusqu'à 26 ans, je ne m'occupai que de commerce, de voyages, d'industrie. A 26 ans , au milieu des plus honorables orages, Dieu m'unit à ta digne mère , et je vins étudier la médecine. Je repris avec courage mes études classiques ; le baccalauréat ès-lettres me fut accordé ; dès que j'eus obtenu mon baccalauréat ès-sciences, je me livrai avec ardeur à l'observation ; élève du professeur Lallemand , je commençai la publication de ses cliniques.

Après six ans d'études incessantes dans les amphithéâtres et les hôpitaux, un travail sur la prostate m'acquit le doctorat. Des devoirs m'appelèrent auprès de mon père. Une clientèle des plus encourageantes me fut immédiatement départie. Au milieu des fatigues, des sollicitudes dont elle m'accablait, je conçus le projet de fonder l'établissement d'eaux minérales de Cauvalat.

Dieu m'aidant, j'ai réalisé cette œuvre ; j'ai créé ce bienfaisant établissement : il s'est élevé au milieu d'une grêle de calomnies qui ont, pendant six ans, rendu mon pain amer, mes nuits agitées, ma veille accablante. Cauvalat prospère ; le pays en est doté.

Plein de l'espérance que celui qui fut mon égide me soutiendra dans la publication que j'ose entreprendre, je t'adresse ces Lettres : si elles présentent quelque intérêt, il découle des sources vives où je me suis abreuvé. Puissent-elles te donner le désir ardent de connaître par leurs écrits ceux de mes maîtres qui ne sont plus, de suivre avec assiduité les savants qui leur ont succédé, de mettre à profit les leçons de ces anciens hôtes qui restent de la maison d'Hippocrate, à l'École de Montpellier !

Ton père,

É. VERDIER.

LETTRES

A MON FILS

SUR

LA PHYSIOLOGIE HYGIDE,

ET SUR

LA PHYSIOLOGIE MORBIDE.

—••◦••—

PREMIÈRE LETTRE.

Beaucoup d'élèves, au début de leurs études, embrassent avec partialité la doctrine, les opinions d'un maître ; ils suivent d'une manière exclusive celui qu'ils affectionnent le plus, et négligent des leçons où ils puiseraient des forces pour surmonter les obstacles qu'ils doivent rencontrer plus tard.

Moi-même j'épousai trop absolument, peut-être, les doctrines d'un praticien justement apprécié : toute manière de voir autre que la sienne ne me parut digne d'aucune attention.

Plus tard, durant des courses longues et pénibles, seul avec mes pensées, je voulus me rendre compte de ce qui se passait à chaque instant sous mes yeux : un vide immense s'ouvrait devant moi ; je me perdais dans les explications que les organiciens donnent des phénomènes de la vie : j'étais avide de comprendre, et leurs théories n'offraient à mon esprit curieux qu'une pâture maigre et desséchée.

Avec les autres principaux systèmes qui tour à tour ont eu vogue dans la science, je ne pouvais expliquer la puissance spirituelle de ces mourants dont le corps, accablé sous le poids du mal, plie, et qui, avec des paroles entraînantes, une clarté céleste, expriment les plus sublimes pensées. Les lois de la matière brute ne me rendaient pas compte de l'atrophie spirituelle, si l'expression est permise, de l'idiot, chez lequel la matière jouit, sous le rapport de la végétabilité, d'une puissance exagérée.

La pile, le creuset, ne me disaient pas d'où découle le calme du martyr, le remords qui suit certaines actions, la force, le courage que donne l'injustice, la vive jouissance qui naît dans l'idée du bien.

Ces faits m'inspirèrent le désir de connaître la doctrine des maîtres dont je n'avais jamais suivi les leçons : leurs livres me communiquèrent des pensées

que j'aurais dû puiser à leurs cours ; un épais rideau
s'éloigna de mes yeux ; je découvris le champ riche
et vaste de la vérité.

Aujourd'hui j'éprouve le besoin de venir vers toi ,
de te signaler l'écueil , de te faire connaître le port
où s'est abritée la science médicale , de te conduire
au toit d'Hippocrate , au foyer d'où rayonnent les
moyens de l'art de guérir.

Ne sois pas exclusif ; vois tout : il n'est pas de
doctrine où l'on ne trouve quelque grain capable de
fructifier, de système complètement aride ; un esprit
éclectique réunit au vrai faisceau de la science les
vérités éparses et comme perdues dans les autres
systèmes ; lis le plus possible, et, si tu ne trouves
pas une moisson abondante à faire, ce seront au moins
des épis à glaner. Dans les lieux les plus arides sont
des fruits qui méritent d'être cueillis ; et , tu le verras, l'erreur est souvent l'ombre qui donne du relief·
à la vérité.

Le but que je me propose , en écrivant ces Lettres ,
est de mettre en tes mains un résumé des principaux
chefs de physiologie hygide et de physiologie morbide ou pathologique. Je dis physiologie morbide au
lieu de pathologie , parce que je n'ai jamais trouvé
la barrière qui sépare les phénomènes hygides de
ceux qui se passent en temps de maladie. C'est la
même machine qui joue ; ce sont les mêmes dynamismes qui la mettent en jeu ; rien n'est changé que

la condition accidentelle ; on ne sacrifie pas la règle à l'exception.

L'homme sain, l'homme malade devant être le sujet de nos entretiens, jetons un coup d'œil sur la matière qui le constitue.

MATIÈRE INORGANIQUE.

L'univers est l'organisme des organismes. Une seule force, la gravitation, détermine les mouvements, les rapports des masses innombrables qui le constituent.

La planète où nous vivons, corpuscule dans cet universel organisme, est soumise à cette même loi.

Les corps dits inorganiques qui forment la majeure partie de sa masse, variés en caractères physiques, doués de propriétés chimiques différentes, sont un composé d'atomes infiniment petits, liés les uns aux autres par l'attraction moléculaire, sœur de la gravitation.

Placés dans des conditions favorables, en présence d'autres corps, les atomes simples des éléments et les atomes complexes des corps composés se séparent les uns des autres pour former des corps nouveaux ; une autre force, l'affinité, préside à l'acte qui les a désagrégés, puis les identifie. Mais l'atome nouveau formé, il tombe sous la puissance de l'attraction moléculaire, qui réunit en masses confuses ou géométriques ces atomes divisés à l'infini.

MATIÈRE ORGANIQUE.

Le minéral, le passif inorganique sert de point d'appui aux animaux, aux végétaux, êtres organisés. Le plus petit comme le plus grand de ces organismes, unités multiples, résultat de l'agencement d'une foule d'êtres cellulaires microscopiques, est un petit monde qui donne asile et pâture à d'autres êtres, les uns visibles à l'œil nu, à d'autres que le microscope fait apercevoir, enfin à des germes qui n'attendent que la destruction de l'être qui les recèle pour naître et vivre dans les produits de sa décomposition.

Tout vient de la terre, tout y retourne; elle est le réservoir inépuisable de la matière qui constitue les êtres organisés; elle est le réceptacle des produits de leur décomposition.

Le minéral, par un phénomène chimico-vital, est transformé en matière qui vit. C'est le végétal fixé au sol, en rapport incessant avec lui, qui soutire du réservoir commun, par son feuillage et ses racines, la matière, la combine sous la forme ternaire, la transforme en principes immédiats qui, vivifiés en lui, deviennent aptes à entretenir la vie de l'animal, et, de plus, à nourrir le végétal lui-même, quand, séparés de l'individu, ils reviennent au réservoir commun (terreau).

Cette matière ternaire organisée par un vivant creuset, par le végétal, introduite dans un appareil plus compliqué organisé vivant, l'animal, admet dans sa composition un quatrième élément, l'azote, forme des composés quaternaires que le végétal, à quelques exceptions près, ne peut produire, que nul chimiste ne saurait imiter.

Ces composés quaternaires sont, à leur tour, en toute substance, des éléments de nutrition pour certains animaux ; mais ils ne deviennent agents nutritifs, pour le végétal, que lorsque la combinaison quaternaire a été rompue. (Acide carbonique, hydrure d'azote.)

La terre est l'obscur laboratoire, le creuset incessamment actif, où, sous l'influence de la chaleur et de l'humidité, les matières qui ont vécu vont séparer leurs éléments, prendre des formes binaires pour entrer dans des combinaisons nouvelles, se retremper au foyer du principe vital, redevenir vivantes, et redonner la vie. C'est, avons-nous dit, le végétal qui opère le premier degré d'organisation ; l'animal fait la dernière œuvre ; après lui, la terre reprend ses droits, et le phénomène recommence pour présenter les mêmes phases, produire des résultats semblables ou analogues, faire repasser plus ou moins complètement la matière par les trois règnes. C'est l'eau de la nue qui tombe, humecte la terre, forme ruisseaux, fleuves et mers, se vaporise, s'élève, et retombe pour tenir le sol humecté. (Déplacement, transformation, renouvellement de formes.)

Ce n'est pas seulement après la vie individuelle que les êtres organisés sont les uns pour les autres d'un réciproque secours ; durant sa vie, l'animal fournit de l'acide carbonique que le végétal respire, et le végétal, au contraire, s'appropriant, solidifiant le carbone, dégage de l'oxigène indispensable à la respiration de l'animal.

Tu le vois, la matière organisée vient du règne minéral ; ce n'était qu'un être attaché au sol en rapport incessant avec lui qui pouvait opérer la transformation. L'animal libre, séparé du sol, ne peut y ajouter que ce qu'il puise dans l'atmosphère où il vit, l'azote. Après cette deuxième élaboration, la matière, ne trouvant plus d'autres organismes pour lui donner une nouvelle impulsion, rentre au réservoir commun ; mais elle n'y reprend plus l'état simple absolu ; elle conserve toujours quelques traces des caractères qui lui furent donnés par le principe de la vie. Le fossile, confondu avec la gangue brute qui l'enveloppe et le pénètre, ne dit-il pas à l'œil le plus étranger à la science : j'ai vécu ?

Une force invisible règle le mouvement des planètes. Une puissance que nul n'a vu, que nul ne verra jamais, réunit les atomes homogènes ; un autre agent de nature inconnue combine les hétérogènes éléments.

Si ces phénomènes admirables ont, dans le domaine inorganique, une loi qui les préside, une puissance qui les règle mathématiquement, il est tout naturel de penser qu'un dynamisme plus intelligent encore veille à la formation de la matière organique, à la création des êtres organisés, à la complication graduée des organismes ; que cet agent invisible est bien plus puissant que ceux qui régissent les corps bruts, puisqu'il donne aux êtres vivants, impressionnables, fragiles, la faculté de lutter contre les agents infatigables qui tendent à les détruire. Cette force est le principe de la vie ; nul autre mot ne saurait mieux définir cette haute intelligence qui, avec une seule pierre de construction, la cellule, édifie les myriades d'êtres organisés des règnes vivants. Qu'est cet atome organique, cette cellule ?

CELULLES.

Les divers tissus qui constituent le mécanisme de l'homme et tout ce qui est organisé, proviennent d'une matière organisée vivante qui, dans son plus grand état de simplicité, apparaît, au microscope, sous la forme d'un liquide transparent et limpide.

Dans ce liquide vivant se font, sous l'influence des lois vitales, des précipités doués de vie, physiquement semblables aux précipités morts que peuvent y déterminer, dans le creuset de l'art, l'électricité, le calorique‾, les agents chimiques , décomposant l'eau , la vaporisant, s'emparant d'elle.

Ces précipités ne sont pas cristalliformes comme ceux qui résultent de la précipitation des minéraux et quelques composés minéro-organiques ; ils ont la forme arrondie qui caractérise tout ce qui est organisé.

Indépendamment de ces myriades de corpuscules globuleux, toujours avec le microscope, l'on découvre en suspension, dans cette matière organisée, des corps creux sphériformes, des cellules à structure d'apparence simple et homogène.

Ces cellules sont le premier degré connu de l'organisation : leur forme est ovoïde, ovale, aplatie, sphériforme, sphérique.

Toutes présentent une ouverture qui permet l'introduction du liquide organique dans leur intérieur, la sortie des cellulines qui se forment dans les cellules mères, et peut-être aussi l'excrétion des résidus excrémentitiels qui doivent être éliminés de ces individualités, de ces organismes primitifs.

Lorsque ces cellules sont arrivées à leur état de maturité, elles contiennent un noyau qui adhère à un point de la surface de leur cavité, mais qui ne la remplit jamais.

Ce noyau ovaire de la cellule est le résultat du rapprochement d'un plus ou moins grand nombre de nucléoles, provenant eux-mêmes de l'aggloméra-

tion d'une foule d'infiniment plus petits. Ces noyaux
ont la forme murale ; ordinairement un de leurs
grains est plus gros que les autres. Ce nucléole plus
gros est la celluline qui s'approche le plus du terme
où commencera sa cellulisation. Autour de ce plus
gros nucléole se forme peu à peu un segment, une
moitié de sphère, enfin une enveloppe sphérique
percée d'une ouverture; alors la cellule est complète.

Cet organisme nouveau vit quelque temps dans
la cellule mère, puis est rejeté dans le liquide
organique où elle vit libre, comme le polype dans
les eaux, en attendant une place dans l'édifice organisé, où plus tard, par la voie vasculaire, elle
recevra l'élément de sa nutrition.

Dans la formation de la nouvelle cellule, l'infiniment petit devient nucléole, le nucléole devient
noyau, et puis autour de ce noyau se forme l'en-
véloppe celluleuse.

Tous les atomes constituants de cette cellule sont
semblables; sa texture est homogène comme celle d'un
cristal; elle n'en est pas moins un composé, ici
je ne veux pas dire chimique, mais anatomique.
Comme chez le polype, la partie est apte à reproduire le tout, et cela parce que l'infiniment petit
contient lui-même le tout végétatif. Le tissu cellulaire n'exsude-t-il pas l'élément de la cicatrice. Comme
le polype, la cellule vit par absorption et exhalation ;
chez l'une et l'autre, il y a mouvement pour ap-

proprier la substance nutritive et rejeter le résidu de la nutrition ; il y a sensibilité, contractilité, irritabilité, ce qui donne lieu de penser que, dans l'une et l'autre, il y a matière nerveuse et contractile disséminée, mélangée à l'infini.

Ces cellules, organismes primitifs, sont la pierre de construction des systèmes, des appareils qui constituent l'universalité des êtres organisés. Avec un même atome, le principe de la vie construit des organes aptes à des fonctions différentes ; la disposition fait l'aptitude.

La matière organisée de l'ovule contient les cellules rudimentaires. Ces primitifs organismes, à mesure qu'ils se développent, forment la cellulosité dans laquelle se casent les vaisseaux et les nerfs par cette même cellule formés.

De la création des nerfs et des vaisseaux résultent trois grands systèmes généraux, trois souches dont les ramuscules, infiniment petits, forment la trame des tissus, des parenchymes.

Ces systèmes fondamentaux sont donc le système lymphatique, le système nerveux, le système sanguin.

SYSTÈMES FONDAMENTAUX.

Parfaitement distincts l'un de l'autre jusqu'à l'état capillaire, ces systèmes disparaissent au-delà de ce terme dans l'intimité des tissus ; là chacun d'eux et tous ensemble sont comme l'eau tombée sur la terre et qui l'imbibe, forme avec elle une pâte dans laquelle il est impossible de distinguer le liquide du solide, mais dans laquelle s'établissent, provoqués par la pesanteur, des courants capillaires et nombreux, inapercevables d'abord, puis visibles, qui se groupent et forment des veines, des sources, des ruisseaux, des fleuves, et, en résumé, la mer.

Ainsi le vaisseau lymphatique, invisible au microscope dans l'intimité du tissu cellulaire, réduit ses deux couches d'innombrables réseaux en deux troncs principaux et quelques branches qui déversent dans les veines sous-clavières et jugulaires internes le chyle qu'ils ont reçu, la lymphe qu'ils ont recueillie.

La veine passive, dépourvue de cerceaux celluleux élastiques, mais munie de valvules de remonte, forme de très-nombreux vaisseaux capillaires qui peu à peu, dans leur marche vers le centre, diminuent de nombre, augmentent de volume, et se résument en deux fleuves, les veines caves ascendante et descendante qui déversent dans le foie et leur réservoir commun l'oreillette et le ventricule droit, le sang nutritif épuisé qui de là va dans les poumons achever de se réparer par l'*oxigénation*.

L'artère simple, unique, énorme au sortir du ventricule efférent, se divise, dans sa marche vers la périphérie, en rameaux de plus en plus nombreux et ténus, de manière à se perdre dans la profondeur des tissus, où elle déverse, autour de chaque cellule ou à chaque cellule, l'élément de sa nutrition.

La matière nerveuse, disséminée dans le liquide organique et la cellule, se dispose en fibrilles excessivement ténues, qui s'adjoignent sans se confondre, forment, de la périphérie au centre, des faisceaux de plus en plus gros en dimension, mais diminuant de nombre, et qui se résument en un seul tronc, en une seule souche, la moelle épinière, le cerveau.

A son extrémité centrale, je le répète, chaque système est volumineux et distinct ; mais à son extrémité périphérique, à ce pôle où chaque atome du tout vit isolément dans l'ensemble, il y a fusion absolue, système alimentateur, système récrémentitiel, système excitateur : tout est uni dans l'individualité microscopique, comme tout est uni, par contiguïté et sympathie, pour l'exercice de la multiple unité.

Regarde à la lumière directe une feuille de vigne : un vaisseau central d'où émanent des épis vasculaires frappera immédiatement ta vue ; interpose entre le foyer lumineux et ton œil cette feuille encore verte, tu verras un admirable réseau. Plus tu le fixeras au transparent, plus tu le verras se subdiviser. Le microscope te répètera le phénomène, en partant du point où

2

ton œil nu se sera arrêté. Mais au-delà de ce terme de puissance que donne l'artifice, le vaisseau se subdivise encore, se multiplie, si bien que cette feuille solide, jusqu'à un certain point résistante, n'est qu'un mélange de solides et d'eau composée elle-même d'atomes infiniment plus ténus.

Le liquide qui s'interpose entre les surfaces lisses des corps bruts produit l'adhérence; mais dans le mélange organisé solide et liquide, il n'y a pas seulement adhérence des surfaces; le solide emprunte au liquide pour sa nutrition, il lui restitue ses produits excrémentitiels : le phénomène est plus que physique, il est vital.

Les proportions selon lesquelles ces trois systèmes sont associés pour un but commun ne sont pas les mêmes dans les diverses classes d'animaux, pas même chez les divers sujets d'une même espèce. Il arrive très-souvent que l'un ou l'autre de ces systèmes prime sur les autres, l'état neutre, l'équilibre est rare. Selon le système qui prédomine, le sujet est plus lent, plus apathique, plus froid ou plus fort, plus énergique, enfin plus irritable, plus sensible. La différence anatomique entraîne, dans le phénomène physiologique, vital, des modifications; avec des ressorts modifiés; variables; l'invariable principe de la vie ne saurait donner lieu à d'uniformes résultats.

Ces différences sont les causes de ce qu'on appelle

tempéraments, conditions individuelles qui ne sauraient être négligées par l'homme de l'art. Chaque
terrain demande des soins de culture relatifs.

La cellule, le tissu cellulaire, les vaisseaux et les
nerfs, tant qu'ils sont aptes à réagir sous l'influence
du principe de la vie, ne sont pas passifs ; ils se
prêtent un mutuel secours ; l'un va par l'autre ; et,
tout en accomplissant des fonctions différentes, ils
tendent à un but commun, qui est la manifestation
de la vie générale et réciproque.

Ces manifestations de la vie ont été appelées propriétés vitales : tâchons de nous en faire une idée. En
examinant d'abord superficiellement le but de chaque
système, son rôle dans l'organisme, revenons un
moment sur les tissus primitifs.

TISSU CELLULAIRE.

En s'allongeant, se bifurquant, s'adjoignant sans
s'anastomoser, mais de manière à permettre l'en-
dosmose, les cellules forment la gangue universelle
des ressorts des organismes compliqués ; diffluant
dans l'ovule, spongieux dans le fœtus et l'être accompli, le tissu cellulaire est le sol libre végétant
où se développent, s'implantent, dans lequel vivent
les systèmes, les appareils des organismes qui cessent d'être simples comme lui : il est aux arbres
nerveux, artériel, veineux, aux réticulés lym-

phatiques, ce que la terre est au végétal ; mais il en
diffère en ce que sa vie, quoique obscure, est complète, et que la terre n'est pas ostensiblement douée
de vie. Tout vient du tissu cellulaire, tout y retourne.
En se modifiant de l'état liquide à la forme aponé-
vrotique, il cimente, sépare corpuscules, fibrilles,
fibres et faisceaux. Il accompagne le vaisseau dans
l'épaisseur du nerf, le nerf dans la paroi du vaisseau. D'une myriade d'êtres simples, isolés, il fait
un tout compliqué, multiple. Il occupe les interstices
normaux, remplace les organes détruits par des
épanchements *cellulisables*, du tissu cellulaire, des
cicatrices.

Origine présumée des vaisseaux blancs, ce simple
tissu cellulaire tire son aliment de l'artère qu'il forme,
et déverse ses produits excrémentitiels dans les lym-
phatiques qu'il a créés. Quoique partie constituante
des organismes les plus compliqués, il occupe, à
cause de son organisation simple, le plus bas degré
de l'échelle animale ; il est réduit à végéter tout en
donnant un appui mobile à l'animal qui végète et vit.
Le tissu cellulaire ne possède donc que la faculté de
végéter. Végétabilité animale, faculté générale commune à tous les tissus animaux, intermédiaire à la
vie du végétal, et l'animalité la plus étendue.

SYSTÈME ARTÉRIEL.

Les cellules, en se disposant en cerceaux, forment

des tubes élastiques qui, sous l'influence du principe vital, se contractent d'une manière permanente; cette contractilité est une faculté que possède seul le système artériel.

Le vaisseau artériel reçoit des vaisseaux nourriciers et des nerfs végétatifs. Formé de cellules, comme la cellule il végète, a sa part de sensibilité, de contractilité, d'irritabilité végétatives. Mais indépendamment de cette contractilité végétative, primitive, partage de tout ce qui végète, vit, il jouit d'un autre mode de contractilité (je l'ai signalée) qui est sa fonction. Il se contracte incessamment selon sa circonférence et sa longueur, de manière à être toujours dans un rapport exact avec la colonne de sang qui le parcourt. Il est naturel de penser que cette élasticité, qui a pour but la non interruption, la continuité du cours du sang, se perpétue jusqu'aux plus extrêmes capillaires artériels ; mais qu'au-delà de ce terme, dans la construction des infiniment petits, dans le domaine où tous les systèmes se confondent pour former l'organisme primitif, la matière végétante, il n'est qu'un seul mode de contractilité, qui est le mouvement de l'atome, comme il n'existe qu'un seul mode de sensibilité. Là le nerf n'est plus un filet conducteur électrique, mais de la matière nerveuse disséminée dans le liquide organique primitif. A ce terme, tout finit et tout commence ; à ce *nec plus ultrâ*, la matière est une et ses facultés se résument en un acte unique, la vitalité.

Le tissu de l'artère végète, l'artère se contracte ; contractilité élastique, faculté particulière, fonction de l'artère.

SYSTÈME NERVEUX.

Les nerfs sont formés de cellules qui se canalisent et dans lesquelles la matière nerveuse ou sensible s'isole, se dispose en fibres encéphalo-périphériques, sensitives, locomotrices, ou animales, et en fibres ganglionnaires ou végétatives.

Le nerf végétatif soutire sa puissance de la pile cérébro-spinale, au moyen des filets encéphalo-rachidiens qui se répandent dans les ganglions trisplanchniques.

Le nerf sensitif locomoteur est innervé par l'influx incessant qu'il reçoit des réseaux du trisplanchnique, satellites de ses artères nourricières.

Le nerf végétatif préside à la végétabilité de l'universalité des tissus : substance grise ou électromotrice, substance blanche conductrice, nerfs, muscles, parenchymes, etc., tout végète, joue par l'impulsion que transmet le premier rouage de l'organisme, le système nerveux végétatif, mu par le principe de la vie.

C'est de cette sensibilité, apanage plus ou moins

évident de tout ce qui végète, vit, qu'il faut tenir compte en nous occupant de ces facultés radicales, atomistiques, primitives, indispensables à la végétabilité de tout ce qui vit ; *sensibilité générale, végétative, commune à tout ce qui végète, vit.*

Le nerf sensitif n'est pas le partage de tout ce qui vit ; il remplit une fonction de luxe qui n'est pas absolument nécessaire à la vie ; au moyen de ses papilles périphériques, il saisit les impressions des agents extérieurs, les transmet, par la voie de ses filets conducteurs, au pôle cérébral, où, comme au cœur, tout aboutit, d'où, comme au cœur, tout émane ; et de ce pôle cérébral, que met en jeu un dynamisme psychique, l'âme, partent les déterminations qu'ont sollicitées, suscitées les sensations produites sur lui par l'impression des stimulants extérieurs ou internes, étrangers ou propres à l'individu. Ce nerf sensitif, par des branches qu'il envoie dans les ganglions nerveux végétatifs, unit l'animal qui végète à l'animal qui vit : uni au trisplanchnique, par conséquent aux artères, il se perd dans la profondeur des tissus, concourt à la formation de l'atome organique, qui est, ai-je dit, aussi complet que les organismes les plus compliqués, puisqu'il a sa sensibilité, sa contractilité, son irritabilité, sa vie.

Le système lymphatique prend ses racines dans la matière qui constitue la cellule.

La veine passive naît dans la profondeur de la matière, où disparaît l'artère.

Le nerf se subdivise à l'infini ; sa matière se dissémine.

Tout se confond, fusionne pour former une matière homogène, pour donner lieu, je le répète, à un acte unique, la vitalité. Mais comme cette association de tissus et d'action n'est pas une combinaison chimique qui dénature les facultés des agents constituants ; comme l'on retrouve dans chaque tissu, plus ou moins tranchées, les aptitudes de chaque système, on a dit : les tissus vivants jouissent de certaines propriétés ; tu verras que ces manifestations, qu'on appelle propriétés, sont des facultés puisées au foyer du principe de la vie par la matière qui s'organise dans un creuset vivant.

FACULTÉS VITALES.

Les corps organisés, comme matière, jouissent des propriétés communes à tous les corps. Les aptitudes qu'ils ne partagent pas avec la matière brute sont des facultés qu'enfantent, par un acte simultané, le principe de la vie et la matière organique. L'unique faculté résultant de cet acte simultané, est la vitalité ; mais, si l'on veut démembrer ce tout indivisible, si l'on veut caser à part les aptitudes de chaque système, on aura les mêmes conséquences

que si l'on séparait les uns des autres les nerfs, les
vaisseaux, le tissu cellulaire (des cadavres mutilés);
on verra que la vie est l'ensemble du tout, qu'une
aptitude n'est rien sans l'autre, que l'une est la suite
de l'autre, qu'on ne saurait indiquer le commence-
ment et la fin de chacune d'elles. Mais, enfin, pour
nous prêter un peu aux volontés de ceux qui nous
ont devancés sous tous les rapports, disons : les
facultés vitales ne peuvent pas être plus nombreuses
que les systèmes, et s'il en est une surnuméraire, c'est
celle qui résulte de l'acte simultané de toutes les
autres; cette faculté est mixte, complexe; comme
l'atome organique, elle contient le tout; comme le
foyer lumineux, elle résume tous les rayons; l'atome,
le point lumineux, sont la vitalité, la végétabilité.

La sensibilité, la contractilité sont sœurs jumelles;
nées ensemble dans un fond commun, d'où elles
émanent, qu'elles alimentent; identifiées l'une à l'autre,
et toutes deux avec la gangue unissante qui contenait
leurs rudiments, elles forment une trinité organique,
sont filles, sœurs et mères les unes des autres. La sensibilité est le stimulus de la contractilité : sans mouvement contractile, il n'y aurait pas d'irritabilité, de vie;
sans irritabilité, sans vie, le mouvement ne saurait
exister, la sensibilité ne pourrait être conçue. Ici se
trouve encore un triple nœud que nul ne déliera
jamais, un cercle où les points de départ et d'arrivée
se confondent, un *nec plus ultrâ* qui fait dire, avec

effusion, à l'homme sage : le secret de l'artiste jamais ne sera connu.

L'irritabilité résume l'acte simultané de la sensibilité et de la contractilité. En physiologie, on entend par irritabilité cette susceptibilité des tissus vivants qui fait qu'en présence d'un stimulus normal, l'acte organo-vital, la fonction, est mise en jeu, poussée jusqu'à l'orgasme, même au désordre, quand il y a abus du stimulus normal, ou action d'un agent incompatible.

Rien n'est tranché dans la série des phénomènes de la vie; l'irritabilité est l'acte qui amène à l'accomplissement du phénomène vital que la sensibilité a commencé; l'irritabilité est mise en jeu par les agents psychiques et par les agents matériels.

Les premiers n'ont qu'un pôle de l'organisme sur lequel ils puissent agir, pôle cérébral. Mais comme ce pôle a des rapports avec tous les points de la périphérie ; comme de chacun de ces points périphériques part une fibre qui va concourir à former la masse cérébrale, il en résulte que, à l'occasion des phénomènes psychiques, les atomes périphériques sont influencés en raison du degré de sympathie des organes et appareils qu'ils constituent.

Les agents matériels capables de modifier l'irritabilité sont aussi nombreux que ces agents eux-mêmes. Les uns l'augmentent, d'autres la diminuent, quelques-uns l'exaltent au point de lui donner la mort, d'autres l'anéantissent, et font cesser la vie : ceux qui sont intermédiaires produisent l'orgasme ou l'asthénie; leurs effets sont relatifs à leur nature, l'usage convenable, l'abus, l'excès.

La noix vomique active la pile vivante, et tue; l'acide prussique semble la rendre inconductrice de l'influx cérébral.

L'irritabilité exaltée, usée ou éteinte, tout s'arrête; elle est le pivot d'où partent ou aboutissent les rayons de la vie, sensibilité, contractilité, *végétabilité, vitalité, vie.*

Tu comprendras combien il importe, dans la pratique de la médecine, de tenir compte de l'irritabilité locale et générale : elle est la mesure de la vitalité du tout ou de la partie; elle est le point culminant où le praticien doit se placer pour juger de ce qui l'entoure; aucun parti thérapeutique ne saurait être pris, si l'on n'a jugé de l'état de l'irritabilité. L'irritabilité est la mesure de la vitalité : l'une n'est-elle pas l'autre?

La présence d'un aliment dans la cavité buccale augmente l'action des glandes salivaires.

Le chyme dans l'estomac tient en éveil l'irritabilité, la vitalité de ce ventricule, du foie, du pancréas, etc.; mais lorsqu'il est sur le point d'être transformé en chyle, il réagit non-seulement sur l'irritabilité de la muqueuse gastrique, mais aussi sur l'irritabilité de sa tunique musculaire, qui le refoule dans l'intestin.

Le chyle, mis en présence des bouches absorbantes des chylifères, les pousse à accomplir leurs fonctions; et à mesure qu'il est dépouillé de ce qu'il contient de réparateur, les bouches absorbantes cessent leur action, et c'est l'irritabilité de la tunique musculaire de l'intestin qui prend de l'empire pour expulser le résidu fécal.

L'air est le stimulus physiologique de l'irritabilité pulmonaire ; les odeurs et le son jouent le même rôle à l'égard de l'appareil de l'olfaction et de l'ouïe.

Les sels urineux activent la vitalité, provoquent l'action fonctionnelle des reins. L'urine trop abondante ou viciée détermine non-seulement les contractions des plans musculaires vésicaux, mais aussi un acte psychique qui commande les contractions des muscles de l'abdomen, du périnée, et le relâchement du sphincter vésical.

Les exemples d'irritabilité que je t'ai signalés se rattachent presque tous au domaine vital ; mais la honte, la colère, la pensée, qu'ont-elles de matériel ? La première fait rougir, la crainte fait pâlir, la peur précipite les selles ou les suspend. L'idée de la gale fait naître la démangeaison. Dans toutes ces conditions, c'est un agent psychique qui, agissant sur le pôle cérébral, trouble l'organisme : dans les cas les premiers cités, c'est le pôle périphérique qui était influencé.

Tu vois donc que toutes les fois que l'on poursuit
l'échelle des phénomènes de l'organisation et de la
vie, quand on arrive au faîte de l'édifice humain, l'on
se trouve en présence d'un agent invisible, impal-
pable, plus puissant que les agents physiques et
chimiques. Il faut aux rubéfiants, à la moutarde,
un certain temps pour faire rougir la peau; une simple
pensée augmente immédiatement son coloris. Le
poison le plus puissant ne produit pas immédiatement un état complet de mort; une impression mo-
rale foudroie la vie. Tout le monde ne sait-il pas
que l'oiseau pris au piége est moins succulent que
celui qu'un plomb mortel a surpris dans son vol sans
produire l'effroi? Si, chez les êtres seulement doués
d'instinct, la puissance instinctive sur la matière vivante est aussi caractérisée, quelle puissance ne
doit point exercer l'âme sur l'être le plus parfait par
l'intermédiaire du principe de la vie?

Les lobes du cerveau ne sont-ils pas, relativement à
l'âme, ce que les papilles périphériques sont aux
agents extérieurs? Les uns sont le pôle psychique,
les autres le pôle matériel : entre les uns et les autres
est le principe vivificateur qui lie d'une manière in-
séparable et le physique et le moral. Aussi la vitalité partielle ou générale est toujours modifiée par
les secousses qu'éprouvent l'un ou l'autre de ces pôles.

Le nostalgique se dessèche, meurt.

Une émotion de l'âme tue.

Le remords ride les traits, accable les forces.

La joie fait palpiter le cœur.

La tristesse fait couler les larmes.

L'abus du vin, les excès de table, la vie déréglée, pervertissent les conditions de la matière, abrutissent l'homme, le rendent réfractaire à la flamme divine qui tend toujours à l'animer. L'âge avancé, en solidifiant les tissus de l'homme, en introduisant en lui de plus grandes quantités de matière organique, mitige l'aptitude à voir, sentir et toucher, le rend de plus en plus incapable de répondre aux traits incessants des dynamismes psychique et vital.

Encore ici l'on retrouve cette admirable graduation que le Créateur a constamment observée dans son œuvre : l'âme et la matière sont à de trop grandes distances pour se donner la main ; il fallait un intermédiaire pour établir le rapport ; cet intermédiaire est le principe vital : dominateur de la matière dans le domaine végétatif, il est à son tour dominé par l'âme et l'instinct quand l'organisation arrive à ses degrés les plus élevés.

Anatomiquement, le trisplanchnique unit l'atome qui végète à l'unité multiple qui vit ; le principe de la vie met en rapport cet organisme qui voit, sent et touche avec l'âme, l'instinct.

Vie sans instinct, végétabilité ; vie, instinct, vie brutale ; vie âme, vie animale.

Certaines parties de l'homme reçoivent seulement

des nerfs sympathiques adjoints aux filets spinaux qui se jettent dans les ganglions trisplanchniques pour les innerver ; ces filets ont pour but la sensibilité végétative, atomistique.

D'autres parties de l'homme reçoivent non-seulement ces nerfs de sensibilité végétative indispensables à tous les tissus animaux, mais sont, en outre, enrichies par d'autres nerfs essentiellement sensitifs, sens.

Il y a différence dans le nombre de systèmes et dans la quantité de nerfs : le doigt, l'œil, les narines, la langue, sont plus sensibles que le cartilage, le tissu cellulaire, l'os.

Ces deux conditions dans les quantités et les qualités des nerfs ont amené à distinguer deux modes de sensibilité : l'une végétative, l'autre sensitive ou animale ; elles émanent l'une et l'autre du même foyer, sont les pôles plus et moins d'un même agent ; mais elles diffèrent par deux points bien remarquables :

1° La sensibilité de l'atome est obscure, étrangère à la conscience de l'individualité multiple ; elle est hors du domaine de sa volonté.

La sensibilité animale est appréciable, et peut être mise en jeu volontairement.

2° La sensibilité de l'atome est constamment en jeu ; obligée d'aller comme le cœur, elle n'a, tant que vit l'atome, ni relâche, ni repos.

La sensibilité animale a des temps de relâche, et

peut, au besoin, être réduite au repos, à l'inaction,
livrée à un fatigant exercice.

Mais comme le nerf trisplanchnique est uni au
centre cérébro-spinal par des filets de communica-
tion, il arrive que la sensibilité atomistique, qui est
hors de la conscience de l'individualité multiple en
temps normal, rentre temporairement dans le domaine de la sensibilité appréciable par la multiple
unité, quand une cause morbide trouble la végétabilité de l'atome, du tissu, d'un appareil. Nous
n'avons pas conscience d'une digestion régulière.
Que ne souffre-t-on pas à l'occasion d'une indigestion !
Les articulations insensibles pour la conscience en état
de santé, sont d'une sensibilité déchirante quand elles
sont rhumatisées, lorsqu'un agent morbide trouble
leur vitalité.

Si j'écrivais pour des hommes faits, pour des
hommes qui ont parcouru une longue carrière dans
la science, je serais moins prodigue de répétitions.
Le but de mon travail m'autorise à revenir sur les
points importants dont le jeune élève doit se péné-
trer ; aussi faut-il que je dise un mot encore de la
sensibilité. Lis avec attention ce qui va suivre; tu
verras clairement que rien n'est tranché dans l'organisme.

DIVERS DEGRÉS DE SENSIBILITÉ.

Les matières nerveuse et contractile sont disséminées dans le liquide organique et la cellule ; de cet état simple anatomique résulte *la sensibilité atomistique végétative*, le plus bas degré de sensibilité.

Ces cellules dans lesquelles la matière nerveuse est disséminée, formant des bandes nerveuses, des cordons nerveux qui s'enroulent sous la forme de ganglions, s'étalent en plexus, constituent un système nerveux qu'on appelle trisplanchnique, grand sympathique.

Ce système nerveux préside aux mouvements végétatifs des tissus, aux fonctions des parenchymes, à l'union solidaire, sympathique des ressorts de l'unité multiple. Ce nerf trisplanchnique remplit de plus une fonction sensitive ; il transmet à ses plexus centraux, et enfin au cerveau les impressions auxquelles ces actes végétatifs donnent lieu. Cet ordre de perceptions cérébrales est toujours étranger à la volonté, et ne tombe dans le domaine de la conscience que dans l'état pathologique.

Un homme de 60 ans fut atteint d'une apoplexie cérébrale qui le rendit hémiplégique.

C'était en été ; on laissait ouvertes la fenêtre au midi, la porte au nord, de la chambre du malade.

Le lit aboutissait juste à la porte, de manière que

tout le côté droit du malade, privé de sentiment et de mouvement, était exposé nuit et jour au courant d'air.

L'insensibilité était complète, le mouvement anéanti dans tout ce côté paralysé, et cependant le malade y ressentait de très-vives douleurs. Qu'était-il arrivé? — Ce côté paralysé, exposé au courant d'air, s'était rhumatisé.

C'est un exemple frappant de cette sensibilité qui, en temps normal, est hors du domaine de la conscience, et qui est appréciée quand une cause a troublé les actes vitaux.

Voilà ce que l'on désigne par les mots *sensibilité sympathique, involontaire.*

La sensibilité atomistique se résume, fait le corps de la sensibilité sympathique, involontaire; à son tour, cette sensibilité involontaire se fusionnera avec la sensibilité qui s'exerce sous l'influence de la volonté.

La sensibilité volontaire a pour agents les nerfs sensitifs qui sont exercés au pôle psychique par l'âme et les sensations transmises par les nerfs, et au pôle matériel par les stimulants extérieurs. Cet ordre de phénomènes sensitifs constitue la sensibilité animale ou volontaire, qui a pour but la perception des impressions, des sensations qui sont dans le domaine de la conscience et de la volonté, et le mouvement locomotif.

On retrouve dans l'homme tous les degrés de sensibilité qu'on remarque en poursuivant l'échelle animale. L'homme part d'une matière simple en structure, et son mécanisme, en se compliquant, arrive au point le plus élevé de l'animalité. L'homme résume ainsi la série des organismes qui lui sont inférieurs. Une seule et même matière sensible est l'agent de ces divers degrés, la différence qui existe entre eux tient à la disposition anatomique de l'appareil. L'air qui fait vibrer la lame de cuivre produit des sons relatifs à la forme qu'elle a reçue. Le mécanisme de l'homme se compliquant, il fallait des liens pour faire de ces multiples ressorts un tout à but unique, et cette unité devait avoir un point où tous les ressorts vinssent aboutir immédiatement ou d'une manière médiate. Ce centre est le cerveau.

Je terminerai ce que j'ai à te dire sur les propriétés vitales membres de la vitalité, en te répétant qu'il ne faut pas confondre la contractilité végétative avec la contractilité vasculaire et la contraction musculaire ; la première est le mouvement de l'atome, la deuxième la fonction de l'artère, la dernière celle du muscle.

La sensibilité animale et la sensibilité sympathique sont : l'une la sensibilité de l'unité multiple, l'autre la sensibilité de l'atome ; elles sont l'une à l'autre ce que l'âme est au principe de la vie.

On peut classer les facultés vitales de la manière suivante :

Facultés primitives communes à tout ce qui vit.

Sensibilité atomistique..
Contractilité atomistique. } Irritabilité. } Végétabilité.

Facultés particulières ; fonctions.

Sensibilité sympathique involontaire.
Sensibilité animale volontaire.
Contractilité vasculaire.
Contractilité musculaire, locomotilité.

Faculté variable avec le règne organique, la classe de l'animal, ses régions anatomiques.

Caloricité ; il en sera question plus tard.

La vitalité résume le tout ; avant de nous occuper d'elle, disons que les corps organisés ont, comme toute matière, leurs propriétés : impénétrabilité, densité, élasticité, etc., etc.

VITALITÉ.

On ne peut entendre par vitalité que le phénomène qui résulte de l'acte simultané de la sensibilité et de la contractilité, ou leur ensemble, l'irritabilité.

L'irritabilité, apanage de tout ce qui vit, étant le résumé de la sensibilité et de la contractilité mises en jeu par le principe de la vie, est la vitalité elle-même. Pourquoi deux noms pour désigner un même phénomène? où placer la limite pour séparer l'irritabilité de la vitalité?

Acceptons le mot vitalité pour représenter le groupe des facultés vitales, comme on accepte celui de cristal pour indiquer la combinaison secondaire de deux composés binaires acide et base effectuée dans le plus complet état de repos.

Le mot vitalité exprime franchement le phénomène de la vie; celui d'irritabilité semble indiquer une grande tendance à l'irritation, lorsque, au contraire, on veut signaler par lui un acte physiologique.

La vitalité au-dessus, au-dessous du terme normal, sera le jalon qui nous guidera dans la course épineuse que nous allons entreprendre. Dans les événements du monde, on se trouve toujours en présence *du plus, de l'équilibre* ou *du moins*. Un sel est acide, neutre ou basique.

Le conducteur électrique est positif à l'un de ses extrêmes, neutre au centre, négatif à son autre pôle.

Dans l'organisme vivant sont trois conditions :

État physiologique avec excès de vitalité, ou morbide ;

État physiologique hygide, ou équilibre ; santé;

État pathologique avec diminution de vitalité, ou morbide.

La perversion de la vitalité peut-elle exister ? Je ne puis le croire. Tout, en pathologie, tend au manque ou à l'excès. Prenons quelques exemples.

Si l'on nous présente un enfant maigre, chétif, chez lequel l'estomac, l'intestin se débarrassent avec promptitude du chyme et du chyle, nous nous dirons, à l'instant même :

La sensibilité, point de départ des actes organiques, est exaltée.

La muqueuse intestinale ne peut tolérer la présence de son stimulus normal.

Cette exaltation de sensibilité détermine la contraction prématurée des anneaux musculaires de l'intestin.

La douleur sollicite et fait effectuer d'une manière presque involontaire la contraction des muscles de l'abdomen qui est sous l'influence de la volonté.

Concluant, nous dirons qu'il y a excès de vitalité, parce que l'un des membres de cette vitalité a dépassé les bornes normales.

Que ferons-nous ? Nous chercherons à diminuer cet excès de vitalité.

Supposons, au contraire, un jeune sujet, lent, froid, lymphatique, dont le système chylifère absorbe de préférence, dans la pâte alimentaire, les principes constituants des tissus blancs.

Nous chercherons à donner à cette organisation
envahie par le tissu cellulaire, une activité organique
plus grande, à réchauffer ce sang demi-froid, à faire
accepter aux absorbants ce qui peut rendre la matière
organique plus sensible, plus contractile ; ce qui peut
solliciter les développements des nerfs, des muscles,
etc. , enfin, à exciter les facultés vitales ; en un mot,
à augmenter la vitalité.

En présence des phlegmasies aiguës, que fait
l'homme de l'art ? il tend à diminuer la vitalité par
des saignées générales, locales, et la diète. Indépendamment de ces soustractions de sang veineux et
veineux artériel, il s'applique à modifier le sang
artériel au moyen des boissons tempérantes, de
manière à le rendre moins excitateur de la vitalité.

La phlegmasie a-t-elle atteint ce terme où elle
se continue comme par une sorte d'habitude ? les capillaires qui en sont le siége ont-ils perdu leur contractilité, sont-ils dans l'impuissance de réagir sur
le fluide qui les a envahis ?

Le praticien, par toutes les voies possibles, cher-
che à rétablir l'innervation épuisée ou enrayée, de
manière à ranimer la contractilité, en un mot à ranimer la vitalité.

Une jeune fille chlorotique mange avec passion des
cendres, du sable, du charbon, la chaux des mu-
railles, les fruits les plus verts.

Cette jeune malade est décolorée, sans forces physiques ni morales ; tout languit, se flétrit chez elle ; elle s'étiole.

Des aromates, des préparations ferrugineuses lui sont administrés ; peu à peu le sang acquiert de la matière colorante, recouvre ses vertus excitatrices ; l'estomac digère mieux, le besoin d'aliments réparateurs se fait sentir, les capricieux appétits s'apaisent, la passion s'éteint à mesure que le coloris, les forces, raniment l'économie. A quoi était due cette perversion du goût ? à l'anémie, au défaut de vitalité, au manque de sensibilité, de contractilité, de la matière organique, et, par conséquent, des ressorts qu'elle constitue. Ce cas, ceux qui lui ressemblent et ceux qui le précèdent, dépendent du plus ou du moins de vitalité, et non d'un état de perversion des phénomènes sensitifs.

Maintenant que nous avons jeté un rapide coup d'œil sur la matière organisée et sur les quelques facultés qui la caractérisent tant qu'elle est vivante, occupons-nous un moment de l'agent invisible qui lui communique la vie.

PRINCIPE VITAL.

Le principe vital est partout, en tout temps le même ; comme Dieu, il est éternel, régulier, n'augmente ni ne diminue. Il préside au développement de ces nucléoles infiniment petits, destinés à re-

produire les espèces; il vivifie chaque cellule organique comme autant d'individualités; il est aux
fonctions végétatives de ces individualités, ce que
l'âme est à l'homme extérieur.

Le principe vital, par une voie des moyens in-
connus, exerce son influence sur tout ce qui est
organique; comme le soleil quand aucun obstacle
ne s'interpose, il répand sans distinction ni préférence ses impérissables rayons. De manière que
le globule de l'être simple, le polype dont la vie
est obscure, est tout aussi vivant que l'atome qui
constitue le tissu privilégié, le muscle, le nerf.

Tant que l'organisation est apte à réagir sous
l'influence du principe de la vie, cet agent infatigable
la tient en jeu. Le rotateur des toits reverdit quand
l'eau interposée entre les corpuscules qui le forment
permet en lui les mouvements végétatifs. L'anguille
enclavée dans la glace sort de son sommeil lé-
thargique, si le milieu, devenu liquide, ne s'oppose
plus aux mouvemens végétatifs, n'enraie plus, par
sa température, l'irritabilité qui les met en jeu, enfin
quand la condition nécessaire à sa vie se rétablit.

Quand la mort, cessation de toute fonction animale
et végétative survient, ce n'est pas le principe de
la vie qui manque, fait défaut : c'est l'organisation
qu'un toxique a réduite à l'impuissance, qu'un génie
morbide a rendue réfractaire, que l'usure a fait chuter.

Le principe vital est comme ce cours d'eau incessant, énergique, qui met en mouvement le premier rouage d'une usine; ce principal ressort usé se brise; tout s'arrête. Accusera-t-on le cours d'eau d'avoir perdu sa puissance? non, c'est la machine fatiguée par les orages qui ne se laisse plus émouvoir par l'eau gravitante qui ne s'est jamais lassée et ne se lasserait jamais de la faire agir.

Il n'est pas d'effet sans cause; plus les effets sont sublimes, plus les causes sont puissantes. L'horloge dont les ressorts ne végètent pas réclame de temps à autre une main pour lui donner une impulsion nouvelle. Sois sûr que le mécanisme de l'homme, chef-d'œuvre de la création, n'a pas injustement été livré à lui-même par le Créateur. C'est parce que le feu divin qui l'anime n'a ni forme, ni teinte, que quelques-uns le mettent en doute. Voit-on mieux la gravitation, nos pensées, les fluides électriques avant leur étincellante combinaison, l'affinité chimique? L'état neutre ne résulte-t-il pas toujours de l'isolement des corps? le changement n'est-il pas la conséquence constante d'une action physique ou chimique? Et l'on veut que la matière organisée trouve en elle-même la cause perpétuelle du mouvement, de la vie, lorsque sa durée est loin d'être une perpétuité! On veut qu'elle soit effet et cause! Ordinairement, pour être mis en jeu, l'instrument le plus compliqué nécessite un artiste habile.

Tout, dans la création, a sa loi régulatrice; le

corps qui se meut dans l'espace subit les influences des autres corps. La matière organisée, vivante, considérée dans sa masse, est soumise à cette loi de physique générale ; mais elle la modifie, lutte surtout contre les lois chimiques qui tendent à la détruire. Cette faculté, elle la doit à la vie. Je te l'ai dit : à l'action d'un principe puissant, divin, sur la matière en certaines proportions combinée dans un creuset qui seul a le droit de couler des produits capables de naître, vivre, *se mouvoir*, se reproduire et mourir.

Mais cet organisme qui naît, vit, n'est qu'une agglomération d'individualités qui jouissent de l'unique propriété de végéter.

Ces individualités, pierres de construction de l'édifice humain, en s'engençant de diverses manières, forment des vaisseaux, des nerfs, des tissus qui, comme les globules qui les constituent, végètent seulement.

Les phénomènes psychiques peuvent-ils être le résultat de cette innombrable association de matière simplement végétative?

Si chaque partie est incapable de produire la pensée, l'ensemble de ces parties ne peut être qu'une association d'impuissants. Réunis des milliers de muets, aucun ne prendra la parole ; la terre, quelque bien modelée qu'elle soit, ne fait jamais que des statues.

Voyons à quoi l'on peut rapporter cette série de hauts phénomènes que la matière vivante seule ne pourrait déterminer! Suivons l'homme dans sa course organique, dans ses développements.

L'homme à l'état rudimentaire, d'ovule, est une masse homogène comme celle du polype; sa vie est tout aussi simple que celle du végétal qui poursuit ses développements.

Après l'influence fécondatrice, l'ovule arrive dans l'organe où il doit se développer; il y contracte des rapports intimes au moyen desquels il puise dans un être accompli tous les éléments nécessaires à la formation des systèmes, des appareils qui constitueront la nouvelle économie.

Tant qu'il est dans la cavité utérine, alors même qu'il approche du terme où son économie est complète, sa vie est toute végétative, toute sous la dépendance du principe vital; quoique, à une certaine époque de cette vie intra-utérine, il jouisse d'une sensibilité, d'une locomotibilité involontaires automatiques; rien n'est tranché dans la nature.

Lorsque dans la cellulosité de l'ovule ont été déposés les systèmes, les appareils nécessaires à la vie de rapports, à la vie libre, le fœtus qui jusque-là n'a que végété, se détache du sol maternel qui de son côté le repousse, et il vient dans un milieu nouveau.

Au moment où il voit la lumière, beaucoup de

ressorts de sa machine, jusque-là inactifs, se mettent en jeu. Cet homme naissant crie, et sa plainte est probablement provoquée par la différence qu'il trouve entre la température, la constitution du lieu quitté, et celle du nouveau milieu qu'il habite.

A peine né, cet homme exprime la douleur, bientôt la faim; il éprouve tous les besoins de la vie; il connaît sa mère, devient intelligent.

Cette faculté de sentir, de crier volontairement, acquise en voyant la lumière, a-t-elle pour source le même principe dynamique qui a présidé à l'acte végétatif? est-elle l'effet d'un phénomène physique ou chimique qui a électriquement allumé, chez ce sujet neuf, la flamme de la vie de rapports; ou bien cette faculté de sentir, de produire des sons, est-elle sous la dépendance d'une portion du principe vital qui ne s'occupe pas de la végétabilité de l'atome organique, mais règne sur l'ensemble de la machine de l'homme dans ses rapports avec les autres êtres, élabore les sensations perçues, transmet des volontés, préside à l'acte métaphysique, la pensée qui fait comprendre à l'homme son Créateur, les objets que ses mains ne peuvent saisir, ses yeux voir, ses oreilles entendre?

Tout nous porte à penser qu'il y a chez l'homme un double dynamisme: l'un vital, commun à tout ce qui est organisé, stimulus de la végétabilité, qui est le partage de l'homme depuis l'état rudimentaire jusques au terme de sa vie ; l'autre, psychique, qui ne devient le partage de l'homme qu'au moment où pour la première fois il voit le jour, et qui ne le délaisse que lorsque ses yeux se ferment pour toujours à la lumière.

L'on peut même dire que le dynamisme vital survit au dynamisme psychique. Personne ne doute qu'après cette suspension absolue des fonctions animales qui constitue la mort, il ne se passe, pendant un certain temps, un travail végétatif dans la profondeur des parenchymes ; l'homme s'éteint comme il se crée ; la végétabilité finit comme elle commence.

Ne peut-on pas aller plus loin encore, et dire que le principe de la vie est à l'état latent dans la matière organisée morte ? Les substances animales activent les mouvements vitaux beaucoup plus que les détritus des végétaux. Le saule qui végète dans les sables granitiques, est bien plus vigoureux près des bergeries où l'hydrure d'azote active ses racines, où l'acide carbonique abonde sous ses rameaux.

Comme il est bon de s'entendre, conservons au dynamisme végétatif le nom de principe vital, réservons au dynamisme psychique celui d'âme que les philosophes lui ont dévolu.

Tout ce qui est matière organisée est donc le domaine de la vie végétative où règne en seul le principe de la vie.

Les phénomènes psychiques ne sauraient être produits sans le concours de l'âme, sans l'influence du feu divin sur les sommets électriques du cerveau.

Trois agents concourent à la production des phénomènes de la vie : l'un est psychique, l'autre vital ; le troisième est matériel organique.

Les deux premiers sont éternels, inépuisables, inaltérables ; l'autre n'a qu'une organisation temporaire périssable. Comment pourrait-on penser que ceux qui peuvent le plus fassent le moins ; que ce qui est périssable soit le producteur de ce qui est éternel ; que les phénomènes psychiques, la vie, trouvent leur cause dans la matière de telle ou telle façon disposée ?

Le principe vital est invariable, et cependant l'on remarque chez l'homme des différences qu'il est impossible de ne pas apercevoir.

Ces différences proviennent des proportions selon lesquelles les systèmes fondamentaux se sont associés : de la trop grande puissance ou du manque d'activité des appareils que ces systèmes fondamentaux constituent ; de la trop grande abondance ou de la rareté des fluides que produisent ces divers ressorts, ces appareils.

Ce sera le sujet de notre prochain travail :
Tempéraments, idiosyncrasies, éléments.

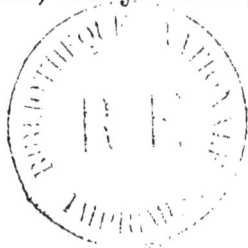

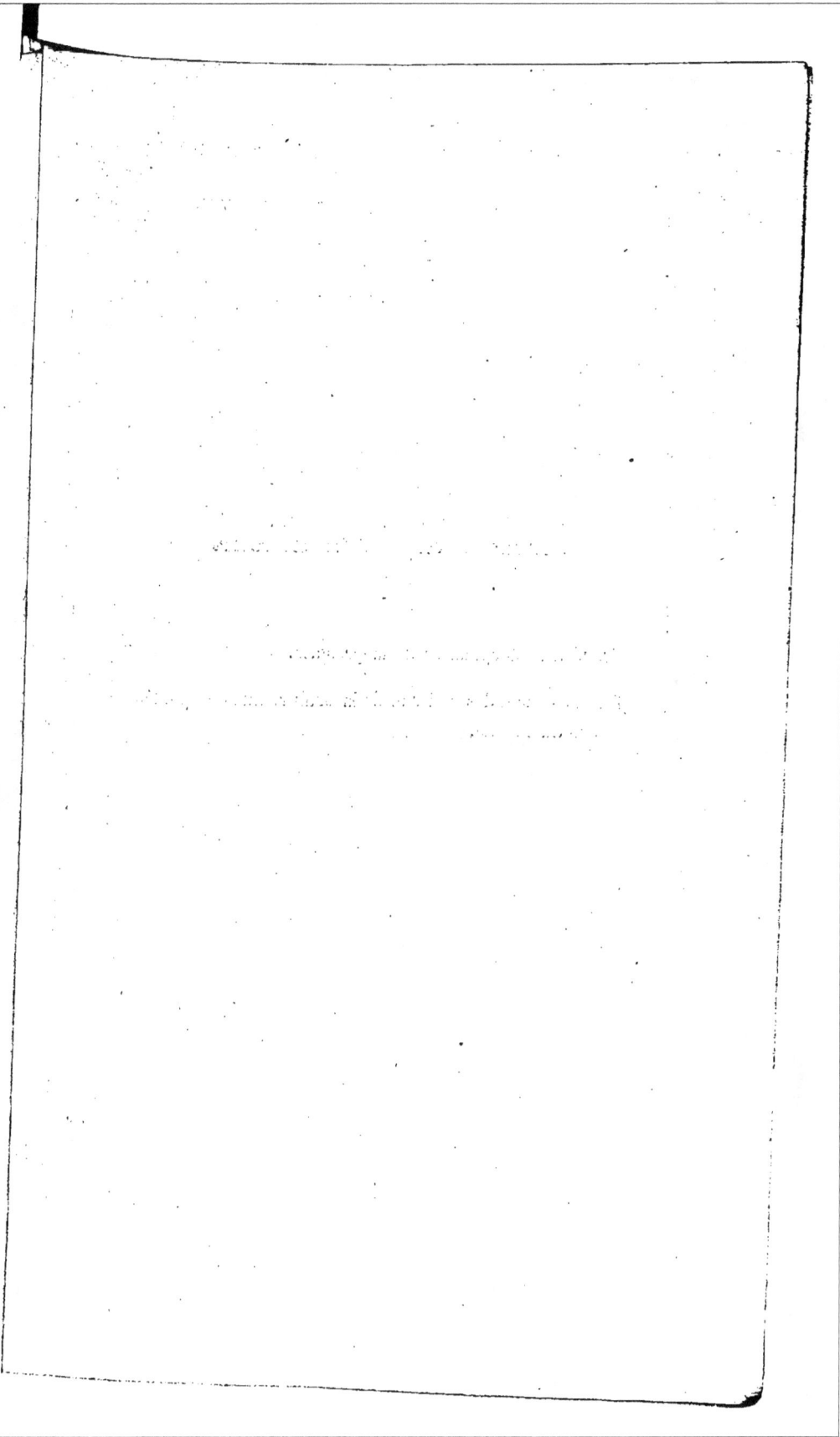

Ouvrages du même auteur.

—

Traité des phlegmasies de la prostate.

Du pansement des plaies et de la brûlure mis à la portée des gens du monde.

www.ingramcontent.com/pod-product-compliance
Lightning Source LLC
Chambersburg PA
CBHW050545210326
41520CB00012B/2720